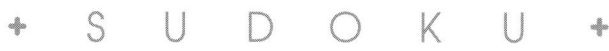

S U D O K U

ポケット数独3

ニコリ 編著

初級篇

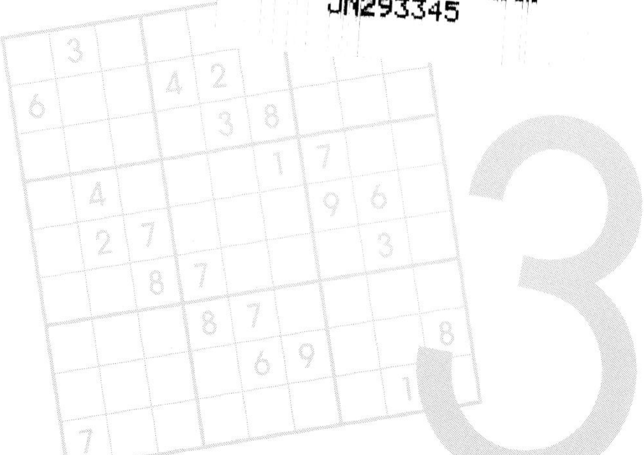

SB Creative

数独の解き方

　世界的に人気のあるパズル、数独の世界へようこそ。この本は、初めて数独にふれる方でも最後まで解けるように、やさしいレベルの問題ばかりを集めました。数独にはとても難しい問題もあるのですが、この本では気楽に楽しんでいただくことができます。

　ですが、数独を解くにはちょっとしたコツも必要です。以下に、どのように解いていくかを解説しますので、初めての方はここを読んで、要領を頭に入れてください。

　まず、数独のルールです。

[ルール]

① 　あいているマスに、1から9までの数字のどれかを入れます。
② 　タテ列（9列あります）、ヨコ列（9列あります）、太線で囲まれた3×3のブロック（それぞれ9マスあるブロックが9つあります）のどれにも1から9までの数字が1つずつ入ります。

*

　タテの列は、9マスある列が9つあります。どのタテ列にも、1〜9の数字が1つずつ入るようにマスを埋めます。

　ヨコの列も、9マスある列が9つあります。どのヨコ列にも、1〜9の数字が1つずつ入るようにマスを埋めます。

　太い線で区切られた3×3のブロックも、

			7	4				
Ⓓ	Ⓑ	8	3					9
	6	1					7	
4	1					6		
		Ⓒ	8		7			
		5					2	3
	5					1	4	
6					5	8		
Ⓐ				9	8			

■例題■

9マスあるブロックが9つあります。どのブロックにも、1～9の数字が1つずつ入るようにマスを埋めます。

どのタテ列、ヨコ列、また3×3のブロックにも、同じ数字がダブらないように入れていけばいいわけです。数字を入れるときには、ヤマカンで入れてはいけません。このマスにはこの数字しか入らない、という場所を探していくのです。

では例題を解いてみましょう。この例題は、それほどやさしい問題ではありません。この

例題が解ければ、この本の問題はすべて解けるはずです。

最初は、1つの数字に注目してみましょう。1から順番に考えてみましょうか。

左下の3×3のブロックには、まだ1は入っていません。あいている7マスのどこかに1が入るということです。

左から2番目のタテ列には、すでに1が入っています。ですから、この列にはこれ以上1を入れてはいけません。左から3番目の列にも1が入っていて、この列にも1は入れられませんので、このブロックでは、6の入っているマスの上か下のマスにしか、1は入らないことになります。

ここでこのブロックの右のほうを見ると、下から3番目の列にはすでに1が入っています。そうです、このブロックで1を入れられるのはⒶだけなのです。

同様に考えて、Ⓑに4、Ⓒに6が入ります。ここまで、よろしいですか？

Ⓑに4が入ったことで、左上の3×3のブロックで7の入ることができるマスはⒹだけになりました。Ⓓに7を入れましょう。

このように、数字が埋まると、それが次のヒントになることも多いのです。

途中経過図に進みましょう。1から9までひと通り考えると、このように埋まりました。

数字を順に見ていくと、Ⓔには4が入ることがわかるはずです。すると、Ⓕには1が入り、Ⓖにも1が入ります。Ⓖが1ならば、Ⓗ

	9		7	4			Ⓗ	Ⓖ
7	4	8	3					9
	6	1		8			7	
4	1	7				6	Ⓙ	Ⓘ
		6	8		7	9	Ⓕ	Ⓔ
9	8	5				7	2	3
8	5	9				1	4	
6					5	8	9	
1				9	8			

■途中経過■

は8です。すると、Ⓘも8ですね。

　右中段の3×3のブロックには、これで8つの数字が入りました。8つの数字が入っていれば、残り1マスに入るのは、まだ入っていない数字しかありません。ここではⒿに5が入ります。

　3×3のブロックだけでなく、タテ列でもヨコ列でも、8つの数字が入ったら、残る1マスにはまだ入っていない数字を入れればいいのです。

　この本の問題は、ここまでに説明してきた

考え方だけですべて解けるようになっています。もし行き詰まったら、どこかで見落としをしているはず。そんなときは、いったんほかのことをしてから数独に戻ると、見落としが見つかったりします。1カ所だけ考えずに全体を見るのも数独を解くコツです。

　もしつじつまが合わなくなってしまったら、どこから間違っているのかを探すのがとても難しいのが数独です。そうなったら、あきらめて最初からやり直しましょう。

　数独には、まだまだたくさんの解き筋があります。この本の問題を解くうちに、中級の手筋がいくつか見つかっているかもしれません。この本の問題をすべて解き終わったあなたは、ぜひ中級篇、そして上級篇にチャレンジしてみてください。まだまだたくさんの数独があなたに解かれる日を待っていますよ！

5	9	2	7	4	6	3	8	1
7	4	8	3	2	1	5	6	9
3	6	1	5	8	9	4	7	2
4	1	7	9	3	2	6	5	8
2	3	6	8	5	7	9	1	4
9	8	5	1	6	4	7	2	3
8	5	9	2	7	3	1	4	6
6	2	3	4	1	5	8	9	7
1	7	4	6	9	8	2	3	5

■答え■

QUESTIONS

Q1

			3		2	5	1	
	2			1				4
		7			6			8
1			9			4		6
	3			4			2	
5		9			7			3
6			1			8		
7				2			3	
	8	4	6		5			

Level

1

Q2

6	1				5	4		3
3	7				4	5		
		4	7				1	6
		6	1		3		9	8
9	5		2		7	6		
4	8				1	3		
		5	3				4	9
7		3	8				5	1

Level

1

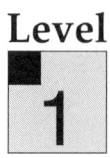

Q3

		2				5		
	8		6		3		1	
6				5				8
	1		2		4		3	
		4				8		
	3		8		1		7	
7				1				4
	2		7		5		6	
		3				2		

Level

1

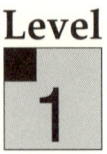

Q4

	7			8	4	2		
5			6				7	
		2	1		7			3
	2	3				5		1
4				2				6
6		1				4	8	
1			2		3	8		
	3				6			4
		7	8	1			6	

Level

1

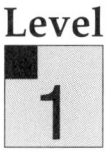

Q5

6					4	1		
		2	5			6	3	
	1	7					8	5
	2		6		7			8
				1				
3			4		8		2	
4	5					2	1	
	9	6			3	5		
		3	2					9

Level

1

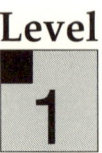

Q6

8					1		7	
	2			5				4
		7				6		
			3		8			2
	4						1	
1			4		6			
		3				5		
5				3			6	
	1		2					7

Level

1

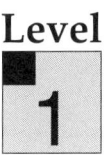

Q7

			1	3				9
7		3			4		5	6
2	8					1		
9		1		2	8			5
	4						1	
3			5	6		4		8
		7					4	3
1	9		2			8		7
8				5	6			

Level

1

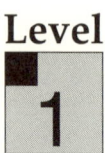

Q8

	5		2				4	
1	6		9		5			8
		4		6		1		
9	3				6		5	
		1				3		
	7		4				1	9
		5		1		9		
6			5		3		8	4
	9				8		3	

Level

1

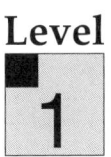

Q9

	9	4				1		
7			1		5		6	
5			6			7		3
	6	3	2				7	
				8				
	8				6	4	5	
3		6			7			9
	4		5		9			1
		1				8	3	

Level

1

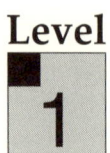

Q10

	4	9	6			2		
			5			3		4
2	6			1	4			5
		1					3	7
		8				1		
7	5					8		
1			9	3			7	2
3		6			2			
		5			6	4	1	

Level

1

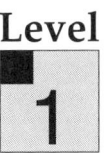

Q11

		2			3	1		
	1		6			9	4	
4		5		9			2	7
		4			9			2
		3		1		8		
1			7			6		
9	3			2		4		8
	8	7			6		3	
		6	1			5		

Level

1

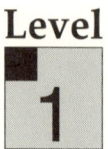

Q12

				4	5			
		4	6			7	8	
1	6			7				3
		5			3	4		1
	1			6			7	
4		7	2			6		
2				9			6	4
	7	6			2	9		
			1	3				

Level

1

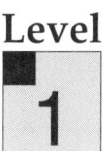

Q13

3			1		4			6
1		7				4		8
		5		8		3		
6	4			3			2	7
		8	2		1	9		
5	9			6			4	3
		6		7		5		
2		3				7		1
8			5		3			2

Level

1

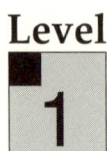

Q14

		2	6			3	8	
3				8	1			
4		1				2		9
	6		1		7			5
	2			3			1	
9			4		5		3	
6		8				9		7
			3	4				8
	4	5			9	6		

Level

1

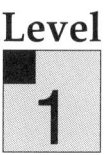

Q15

9		6	5					8
		7	4			2		
1	5				6	3	9	
2	3					4		
				5				
		4					5	1
	2	9	7				8	3
		1			2	6		
8					9	5		7

Level

1

Q16

		3	1					2
	7				3	5		
1		6	5				9	
3		8			7		1	
				3				
	2		9			8		6
	5				9	7		4
		2	6				5	
6					1	3		

Level

1

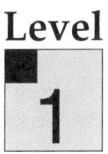

Q17

9			2	1			7	
	8					1		4
		3			9		2	
1				8		4		
7			4		3			6
		8		7				9
	6		1			3		
5		2					8	
	4			9	2			5

Level 2

Q18

9				4	8	6	7	
	1							
	3		5				4	2
	5		6			7		
6			2		3			5
		1			9		2	
2	8				5		3	
							5	
	9	4	3	1				8

Level

2

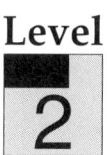

Q19

		2	6		4	1		
	1						2	
4		6		5		7		3
1			2		8			5
		3		6		9		
2			3		1			4
6		4		1		2		7
	7						3	
		8	9		3	6		

Level

2

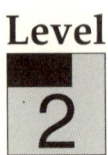

Q20

3	1							7
		6	2		7	1		3
	4			6			8	
	3			2			5	
		5	8		3	4		
	6			4			1	
	5			7			2	
1		8	5		6	9		
7							3	6

Level

2

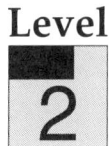

Q21

1				6				9
		6				3		
	7		3		5		8	
5		7		2		9		1
	1						7	
2		8		3		5		4
	5		2		1		4	
		3				6		
4				5				2

Level

2

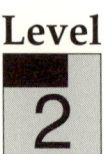

Q22

		5				8		
		3	5	8	2	4		
		1				6		
2				3				5
8	3	7		9		2	4	1
6				1				9
		8				1		
		2	1	4	8	5		
		6				9		

Level

2

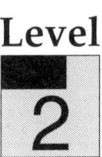

Q23

	4					8	1	
5	1	6				4	7	3
	8	3	4				2	5
		9	1	7				
			5	6	4			
				3	2	7		
7	3				1	2	4	
4	6	2				9	5	1
	9	1					6	

Level

2

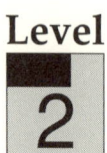

Q24

		2	7			6	4	
	3			2			9	1
4					3			5
7					2	4		
	9			1			6	
		6	9					7
1			4					8
9	4			5			3	
	6	5			1	2		

Level

2

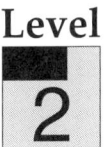

Q25

		6	5		8	1		
	3					2		
7			2	6			4	5
2		5						6
		9		1		5		
1						7		4
3	5			8	4			9
		7					2	
		1	9		7	8		

Level 2

Q26

2	4				3	8		6
		3	1					5
7				6	5		9	
6		7					3	
		1		2		4		
	3					7		1
	5		9	4				7
8					2	1		
1		6	5				4	2

Level

2

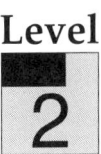

Q27

1				6	2			
		2	5				7	
3	8				7		9	
			4	1				2
2		8				4		3
6				3	5			
	3		9				6	1
	1				6	9		
			7	8				4

Level

2

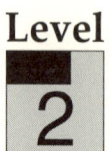

Q28

	8	1		7				9
3			6				2	
		4		1	2		8	
9						4		2
	2		1		3		6	
5		6						3
	4		2	3		1		
	5				9			8
6				8		9	3	

Level

2

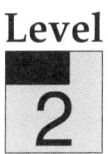

Q29

		2	9					
				6		3	4	
1	7			2				8
		4			9		3	7
		5		4		1		
8	6		1			2		
4				7			8	1
	9	7		1				
					2	5		

Level

2

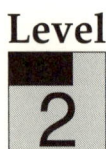

Q30

		3	4			6		
	1			2		8		7
	5			6			1	
		5	9			4		3
4								2
2		7			1	5		
	2			8			5	
7		6		3			9	
		1			7	3		

Level 2

Q31

4	6			9			1	5
			5		1			
		3				7		
8			4		6			9
	5			1			2	
1			2		3			4
		8				5		
			3		2			
2	4			8			6	3

Level 2

Q32

						1		
	5	6			7	2		
			4	1				
4							3	
8	3			7			6	5
	2							8
			2	3				
		1	9			8	7	
		8						

Level 2

Q33

7			5					3
	1			8			6	
		9			1	4		
2			7			1		
	5			2			8	
		8			4			5
		1	3			7		
	7			9			2	
5					2			8

Level 2

Q34

			3	6		4	2	
		1			5			8
6	2				7			5
			4	7				6
	4	7				1	3	
8				3	9			
4			8				7	1
9			5			2		
	8	3		2	6			

Level 2

Q35

1		8	2		6			4
						6	3	
	7		4	5				8
5					4	2		
	1			3			4	
		2	9					1
7				6	8		9	
	4	5						
8			5		7	1		3

Level 2

Q36

		6	9					2
			8				7	
5				3	2			
	7				8			
	1	9				6	3	
			5				9	
			1	6				8
	9				7			
7					3	5		

Level 2

Q37

	1	3	9		4			
				1			3	6
5					6	7		
1			3					
	6	2		9		3	4	
					2			5
		9	6					1
2	5			4				
			7		3	2	6	

Level 2

Q38

							6	7
				1	4			5
				2	6	1		
					5	2	8	
	1	8				3	4	
	4	3	6					
		7	1	6				
1			2	3				
9	3							

Level 2

Q39

				2	6	3		
		5	1				6	
	1				7			2
	8		7			6		4
2				3				1
1		7			5		2	
6			4				7	
	4				3	5		
		3	5	6				

Level 2

Q40

9	1				3	2		6
		7	9					8
8				6	7		1	
6		9					4	
		2		4		6		
	3					9		7
	2		7	9				3
3					1	8		
1		4	8				2	5

Level 2

Q41

					8	4	5	
		3	7	4		9		6
	7		5				3	1
	6	4						8
	1						4	
9						5	1	
5	3				9		8	
1		9		5	7	3		
	2	8	1					

Level 2

Q42

3			9		1			8
				6				
	8	1				3	5	
7			1		5			6
		3				8		
1			2		4			5
	4	9				6	1	
				9				
2			5		6			4

Level 2

Q43

			7	5				
	3	6			2	7		
2							1	8
		4	1					
1	7			2			3	5
					7	6		
4	5							6
		1	5			2	4	
			3	6				

Level 2

Q44

				3	4	8	1	
			6					4
			1		8	9		6
	1	8			3	4		2
6								1
9		5	4			7	3	
1		7	2		9			
8					6			
	3	6	7	1				

Level 2

Q45

1	9					3		4
8			7	1		5		
		3					8	6
	5		6		2			
	4			7			3	
			5		4		2	
4	8					2		
		7		2	6			1
6		5					4	7

Level 2

Q46

				1				9
	9	5	7				8	
	6					7		
	7				6			
2				5				3
			4				1	
		3					9	
	2				3	5	6	
1				2				

Level 2

Q47

	1			7	5			
6	2			3		5	9	
		3	2				4	
		5						3
7	6			9			8	1
9						2		
	8				1	6		
	7	9		4			5	2
			8	2		1		

Level 2

Q48

		8	1	5				
	5				7	2		
4				2			1	
8					9		7	
3		9				4		6
	6		2					5
	7			1				9
		4	3				2	
				6	5	3		

Level 2

Q49

3		1	9		4	7		2
				3				
		5				6		
	2		1		3		4	
7				2				3
	1		5		6		7	
		4				1		
				5				
2		7	6		8	3		4

Level

2

Q50

				9	2	8		
			3				6	
3	5	6						7
				4	5	7		3
2								8
7		3	9	8				
9						4	5	2
	8				6			
		2	5	7				

Level 2

Q51

	5	2	1					
3				7	5	4		
1			2				6	
6		1			7		4	
	4			2			1	
	9		6			8		7
	2				9			3
		7	4	1				5
					6	2	8	

Level 2

Q52

9					8			6
		3	4			5		
	2			3		4	7	
	1			4				3
		7	5		9	6		
5				6			9	
	3	6		7			8	
		5			6	7		
1			2					4

Level 2

Q53

				1		2		3
	6	8						
	5				4			
					8	1	4	
			6		7			
	8	7	9					
			8				9	
						4	7	
1		3		2				

Level 2

Q54

	4				1		5	3
1	9			5	3			7
		6	8					
		1					8	2
	3			7			9	
7	2					4		
					2	1		
9			7	3			2	8
6	7		9				4	

Level 2

Q55

	4		9		2	1		7
	2		3				5	
7				5			4	
5				6			7	
		1				2		
	8			2				3
	6			1				4
	1				6		8	
2		4	7		8		3	

Level 2

Q56

		3			9	1		5
			1				6	
9			5			4		2
	6	9	8		5			3
				1				
1			6		3	5	9	
2		4			6			9
	3				4			
7		5	3			6		

Level 2

Q57

					6	3		5
	1	2	3			4		
	8		4				6	2
	7	6	5		3			9
4			7		1	2	3	
1	2				8		4	
		9			7	6	5	
5		3	9					

Level 2

Q58

5						7		4
	9	1	6					
			3	8	2			
3		2					7	5
			1		9			
8	6					4		1
		3	9	8				
					2	6	5	
1		6						3

Level

2

Q59

							3	
8	3				6	9	7	
	9		4		7			
	7	1	5		9	8		
		5	8		2	6	9	
			3		8		1	
	5	8	2				4	7
	6							

Level 2

Q60

	8		3		7			
3	2	9				1		
	5				2	3	9	
7						5		6
8		6						4
	9	3	2				1	
		1				2	6	9
			9		5		7	

Level 2

Q61

					1	5		
			7				9	
		2		6	5			3
	1			3		4		2
		3	5		8	7		
8		7		2			1	
1			8	7		9		
	3				4			
		9	2					

Level 2

Q62

			9		8			
	8	2		4		7	3	
	6						1	
3			4		2			9
	5						6	
8			5		3			2
	1						9	
	9	7		2		3	8	
			8		1			

Level 2

Q63

1	9		3				6	8
8	6			5			1	7
			6		8			1
	3			4			7	
4			1		9			
9	1			8			3	6
7	8				1		2	4

Level 2

Q64

		2		5				
		1			6	3		
	5		3				8	4
	1			6		8		
9			1		3			2
		7		4			6	
3	2				4		9	
		4	8			5		
				3		2		

Level
2

Q65

			5					
		8		4		3		
	3		1		6		5	
		4		1		9		3
	5		6		8		1	
1		6		2		7		
	1		2		3		7	
		3		5		6		
					9			

Level 2

Q66

		4	1	8		6	2	
	5				2			
	8							7
7			6	1		3		2
		3				5		
2		5		4	7			8
8							1	
			4				3	
	4	9		2	3	7		

Level 2

Q67

3				7				4
	2		9		8		1	
6						9		
		4	7					6
	9			1			4	
5					6	7		
		7						1
	6		4		7		8	
2				6				5

Level 2

Q68

		1		5		3		
	5		7		3		1	
2				1				8
	6						4	
1		3				6		7
	8						5	
7				4				5
	1		2		5		8	
		2		7		9		

Level

2

Q69

3			7			4		
1			4			8		9
		4			9			7
		3			7		4	
	8			5			7	
	2		8			5		
2			6			7		
8		9			2			1
		7			1			2

Level 2

Q70

			3	6			8	
5		1				9		
	6				9		4	
		3	9		6			8
7								2
1			7		3	5		
	7		2				3	
		2				6		7
	3			5	7			

Level 2

Q71

					1	4	9	
		2				1		
8		4	3					
2	5				8			
		1	5		4	8		
			7				6	2
					5	3		1
		5				9		
	9	8	6					

Level 2

Q72

		9				8		
	1		4		5		9	
5		8				7		4
	9			7			8	
			3		1			
	3			6			4	
3		6				5		9
	7		5		8		6	
		2				3		

Level 2

Q73

	2	3	4	9	1			
	8	4	2	5				
	9	6	8				3	
	5	8				1	4	
	7				3	9	2	
				4	8	7	5	
			6	3	9	4	8	

Level 2

Q74

					3	8		
	1	7						
	9	3			1	6		4
					7	4		9
6		2	3					
4		8	2			9	6	
						1	7	
		5	6					

Level 2

Q75

5	3			8			2	1
6								4
		2	6		4	9		
		8				7		
7				9				2
		3				8		
		7	9		3	2		
3								9
8	9			6			4	5

Level 3

Q76

	3				5			
		5	1			3		
8				4			6	
	2				1			5
		3		8		1		
5			6				2	
	6			3				9
		8			7	2		
			9				3	

Level 3

Q77

		2	4					
		9	5				2	4
					3		5	6
	3	4		7				
	2	7				4	6	
				5		9	7	
2	8		7					
6	7				9	1		
				8	2			

Level 3

Q78

		9	1			3	2	
	7			8	6			
	3							
3					5	1	7	
9				7				3
	4	7	6					2
							4	
			5	2			3	
	6	1			7	8		

Level

3

Q79

		3	7			1		
	6			4			9	
	8				1			6
			3			7		
		1				4		
		7			9			
2			4				6	
	4			8			1	
		8			3	5		

Level 3

Q80

		2				9	8	
	1			2	6			5
7								6
			9				3	
	9			5			1	
	5				4			
1								4
8			7	1			6	
	6	9				3		

Level

3

Q81

	3			8				
			6		4			8
		9				2		
	2		1		6		4	
4								6
	9		4		8		7	
		6				1		
7			5		2			
				7			2	

Level 3

Q82

		1					6	
			3				5	7
6			1	4				
	7	4			2			
		6				7		
			7			8	4	
				1	5			9
4	6				7			
	3					5		

Level 3

Q83

			9		3			
		6				1		
	5		7		2		9	
1		8		9		2		3
			1		7			
9		5		3		7		4
	1		2		5		8	
		2				6		
			6		9			

Level 3

Q84

	4	3				7	2	
7			8		1			6
								8
			9				6	
	8			7			4	
	9				5			
3								
2			1		6			4
	5	8				1	9	

Level

3

Q85

7	8	5						4
					5	1		
					2	3		
5	6				3	8		
4								3
		8	4				2	5
		7	1					
		9	6					
3						7	9	6

Level 3

Q86

					8	9		
		3	9	5				
8		4				2	3	
7			5		2		4	
	6						8	
	5		6		9			3
	1	9				8		2
				6	7	3		
		7	2					

Level 3

Q87

7				6				3
		2				9		
	6		1		3		5	
		1		8		5		
6			5		1			4
		7		4		3		
	1		6		9		4	
		4				6		
5				7				1

Level 3

Q88

4			8		7			9
		7				1		
	3				4		7	
3					1	6		4
				9				
1		5	6					2
	9		2				3	
		6				5		
8			4		5			1

Level 3

Q89

						3		
	2	6		3			5	
5					2			1
	4		8				9	
		7				8		
	6				5		3	
9			6					5
	7			9		1	4	
		3						

Level 3

Q90

1				4		3		
		6	9		7			
	4					8		7
	5						7	
9				2				5
	6						2	
5		4					8	
			3		2	1		
		9		6				3

Level
3

Q91

			7		1		8	
8				6		3		5
	1							
1			4		2	5		
	9			8			2	
		6	1		5			7
							6	
9		2		3				4
	6		9		8			

Level
3

Q92

		7					4	
	5		6					3
8			1	9				
	6	9			5			
		5				8		
			7			1	2	
				4	3			6
9					2		7	
	4					3		

Level 3

Q93

			5				3	
		4		7	6	9		
		3						
	2			6				3
	3		1		2		7	
5				9			8	
						1		
		9	4	8		2		
	4				9			

Level 3

Q94

			5		8			
		1				3		
5				1				8
	1		9		5		4	
		7		8		6		
	4		6		7		2	
3				4				5
		6				9		
			1		2			

Level 3

Q95

4		2						
			7	4		9	2	
9				2			8	
	5				4			
	4	9				7	1	
			1				5	
	2			7				1
	3	1		9	5			
						6		2

Level 3

Q96

					9			
		4	2			3		
	9	1	6				2	
	4	5			3			1
				2				
8			7				4	3
	3				4	8	6	
		7			1	2		
			3					

Level
3

Q97

					6	1	2	
		6	5	9				
8	5							6
4					3	9	1	
				8				
	3	5	1					8
2							7	9
				6	5	3		
	7	4	3					

Level 3

Q98

			3	8		9		
	5		9					2
	4					6		1
9				5	3			
			6	1				4
8		2					6	
4					1		3	
	6		8	9				

Level 3

Q99

5		9				6		2
				3				
	6		7		9		5	
6			8		1			3
		1				9		
9			2		6			1
	9		1		7		2	
				5				
8		7				3		5

Level 3

Q100

		3	2	6				
	7				1	2		
	6						8	1
		9	4					8
2				7				9
6					2	3		
4	8						7	
		6	7				3	
			9	4	1			

Level 3

Q101

	8		9		6		4	
9		3				6		8
	5						1	
2				6				1
			1		2			
8				4				5
	9						2	
1		6				9		4
	2		8		3		5	

Level 3

Q102

	5			7				8
4			1				9	
		3				6		
2			3				5	
		9		2		4		
	7				5			1
		7				8		
	1				4			5
6				9			3	

Level 3

Q103

	5				3		2	
4				9				6
		1				8		
3			8		2			
	1			4			7	
			6		1			3
		2				3		
6				8				4
	8		7				6	

Level 3

Q104

		2				6		
	1			6			8	
8			7			4		
	7				6			4
		5		1		9		
1			8				3	
		6			1			3
	2			9			4	
		7				8		

Level 3

Q105

2	9			1	5			
		6				2		
5			7			1		
9			5				4	
	8			9			2	
	2				7			1
		2			8			7
		8				6		
			3	6			1	2

Level 3

Q106

7	3			2	8			
		2				1		
8			6				5	
2				9			3	
4				6				8
	9			8				5
	2				4			1
		3				9		
			8	1			6	3

Level 3

Q107

		4	2			1		
	5			8			9	4
9				5				
		6	4					1
	2						8	
8					1	3		
				1				9
3	9			7			4	
		7			5	6		

Level 3

Q108

				8	1			
	7	2				9		
			9				1	
	1			5	2			6
		6				3		
4			8	6			5	
	2				4			
		4				8	9	
			1	3				

Level

3

Q109

				9	8			
		1	7				5	
	3					8		
	7			1				4
6			8		9			2
2				4			3	
		7					4	
	8				3	7		
			6	5				

Level 3

Q110

	4			8			3	
8			3		6			2
		9				4		
	5				9			8
		7		6		9		
9			7				6	
		6				8		
5			1		3			4
	7			2			5	

Level 3

Q111

							1	9
	2	4	3				5	7
	9	7	5					
	8	5	7					
						9	8	6
						3	1	8
6	3					4	9	2
8	4							

Level 3

ANSWERS

チョット待って!
— あきらめて投げ出される前に —

「ポケット数独」の問題は、正しく論理的に考えていけば、必ず以下に示す正解にたどり着くことができます。「この問題は解けない」「"正解"が複数ある」「問題が間違っている」——そう結論を出す前に、もう一度、次の諸点を確認してみてください。きっとどこかに見落としがあるはずです。

* 問題を別の紙に書き写して解いていらっしゃる方は、最初に与えられている数字の転記ミス・転記漏れがないかどうかを確認してみてください。出題は、中央のマスを中心に、数字がすべて点対称の位置に配置されています。

* 9列あるタテ列について、記入した数字にダブリがないかどうか、1列ずつ確認してみてください。

* 9列あるヨコ列について、記入した数字にダブリがないかどうか、1列ずつ確認してみてください。

* 9つある3×3ブロックについて、記入した数字にダブリがないかどうか、1つずつ確認してみてください。

1

4	6	8	3	9	2	5	1	7
9	2	5	7	1	8	3	6	4
3	1	7	4	5	6	2	9	8
1	7	2	9	8	3	4	5	6
8	3	6	5	4	1	7	2	9
5	4	9	2	6	7	1	8	3
6	5	3	1	7	9	8	4	2
7	9	1	8	2	4	6	3	5
2	8	4	6	3	5	9	7	1

2

6	1	8	9	2	5	4	7	3
3	7	9	6	1	4	5	8	2
5	2	4	7	3	8	9	1	6
2	4	6	1	5	3	7	9	8
8	3	7	4	6	9	1	2	5
9	5	1	2	8	7	6	3	4
4	8	2	5	9	1	3	6	7
1	6	5	3	7	2	8	4	9
7	9	3	8	4	6	2	5	1

3

3	9	2	1	7	8	5	4	6
4	8	5	6	2	3	7	1	9
6	7	1	4	5	9	3	2	8
8	1	7	2	9	4	6	3	5
2	6	4	5	3	7	8	9	1
5	3	9	8	6	1	4	7	2
7	5	6	3	1	2	9	8	4
9	2	8	7	4	5	1	6	3
1	4	3	9	8	6	2	5	7

4

3	7	6	9	8	4	2	1	5
5	1	4	6	3	2	9	7	8
9	8	2	1	5	7	6	4	3
7	2	3	4	6	8	5	9	1
4	9	8	5	2	1	7	3	6
6	5	1	3	7	9	4	8	2
1	6	9	2	4	3	8	5	7
8	3	5	7	9	6	1	2	4
2	4	7	8	1	5	3	6	9

5

6	3	5	8	7	4	1	9	2
8	4	2	5	9	1	6	3	7
9	1	7	3	2	6	4	8	5
5	2	1	6	3	7	9	4	8
7	8	4	9	1	2	3	5	6
3	6	9	4	5	8	7	2	1
4	5	8	7	6	9	2	1	3
2	9	6	1	8	3	5	7	4
1	7	3	2	4	5	8	6	9

6

8	5	4	6	9	1	2	7	3
6	2	1	7	5	3	8	9	4
3	9	7	8	4	2	6	5	1
7	6	5	3	1	8	9	4	2
2	4	8	5	7	9	3	1	6
1	3	9	4	2	6	7	8	5
4	8	3	1	6	7	5	2	9
5	7	2	9	3	4	1	6	8
9	1	6	2	8	5	4	3	7

7

4	5	6	1	3	2	7	8	9
7	1	3	9	8	4	2	5	6
2	8	9	6	7	5	1	3	4
9	6	1	4	2	8	3	7	5
5	4	8	3	9	7	6	1	2
3	7	2	5	6	1	4	9	8
6	2	7	8	1	9	5	4	3
1	9	5	2	4	3	8	6	7
8	3	4	7	5	6	9	2	1

8

7	5	9	2	8	1	6	4	3
1	6	3	9	4	5	2	7	8
8	2	4	3	6	7	1	9	5
9	3	8	1	7	6	4	5	2
2	4	1	8	5	9	3	6	7
5	7	6	4	3	2	8	1	9
3	8	5	7	1	4	9	2	6
6	1	2	5	9	3	7	8	4
4	9	7	6	2	8	5	3	1

9

6	9	4	7	2	3	1	8	5
7	3	8	1	9	5	2	6	4
5	1	2	6	4	8	7	9	3
4	6	3	2	5	1	9	7	8
2	7	5	9	8	4	3	1	6
1	8	9	3	7	6	4	5	2
3	2	6	8	1	7	5	4	9
8	4	7	5	3	9	6	2	1
9	5	1	4	6	2	8	3	7

10

5	4	9	6	7	3	2	8	1
8	1	7	5	2	9	3	6	4
2	6	3	8	1	4	7	9	5
4	9	1	2	6	8	5	3	7
6	3	8	4	5	7	1	2	9
7	5	2	3	9	1	8	4	6
1	8	4	9	3	5	6	7	2
3	7	6	1	4	2	9	5	8
9	2	5	7	8	6	4	1	3

11

7	9	2	4	5	3	1	8	6
3	1	8	6	7	2	9	4	5
4	6	5	8	9	1	3	2	7
8	5	4	3	6	9	7	1	2
6	7	3	2	1	5	8	9	4
1	2	9	7	8	4	6	5	3
9	3	1	5	2	7	4	6	8
5	8	7	9	4	6	2	3	1
2	4	6	1	3	8	5	7	9

12

7	9	8	3	4	5	1	2	6
5	3	4	6	2	1	7	8	9
1	6	2	9	7	8	5	4	3
6	2	5	7	8	3	4	9	1
9	1	3	5	6	4	8	7	2
4	8	7	2	1	9	6	3	5
2	5	1	8	9	7	3	6	4
3	7	6	4	5	2	9	1	8
8	4	9	1	3	6	2	5	7

13

3	8	9	1	5	4	2	7	6
1	6	7	3	2	9	4	5	8
4	2	5	6	8	7	3	1	9
6	4	1	9	3	5	8	2	7
7	3	8	2	4	1	9	6	5
5	9	2	7	6	8	1	4	3
9	1	6	8	7	2	5	3	4
2	5	3	4	9	6	7	8	1
8	7	4	5	1	3	6	9	2

14

7	5	2	6	9	4	3	8	1
3	9	6	2	8	1	5	7	4
4	8	1	7	5	3	2	6	9
8	6	3	1	2	7	4	9	5
5	2	4	9	3	8	7	1	6
9	1	7	4	6	5	8	3	2
6	3	8	5	1	2	9	4	7
2	7	9	3	4	6	1	5	8
1	4	5	8	7	9	6	2	3

15

9	4	6	5	2	3	7	1	8
3	8	7	4	9	1	2	6	5
1	5	2	8	7	6	3	9	4
2	3	5	9	1	8	4	7	6
7	1	8	6	5	4	9	3	2
6	9	4	2	3	7	8	5	1
4	2	9	7	6	5	1	8	3
5	7	1	3	8	2	6	4	9
8	6	3	1	4	9	5	2	7

16

5	4	3	1	9	8	6	7	2
2	7	9	4	6	3	5	8	1
1	8	6	5	7	2	4	9	3
3	6	8	2	4	7	9	1	5
9	1	5	8	3	6	2	4	7
4	2	7	9	1	5	8	3	6
8	5	1	3	2	9	7	6	4
7	3	2	6	8	4	1	5	9
6	9	4	7	5	1	3	2	8

17

9	5	4	2	1	8	6	7	3
2	8	7	5	3	6	1	9	4
6	1	3	7	4	9	5	2	8
1	2	6	9	8	5	4	3	7
7	9	5	4	2	3	8	1	6
4	3	8	6	7	1	2	5	9
8	6	9	1	5	7	3	4	2
5	7	2	3	6	4	9	8	1
3	4	1	8	9	2	7	6	5

18

9	2	5	1	4	8	6	7	3
4	1	6	7	3	2	5	8	9
7	3	8	5	9	6	1	4	2
3	5	2	6	8	1	7	9	4
6	4	9	2	7	3	8	1	5
8	7	1	4	5	9	3	2	6
2	8	7	9	6	5	4	3	1
1	6	3	8	2	4	9	5	7
5	9	4	3	1	7	2	6	8

19

7	8	2	6	3	4	1	5	9
3	1	5	7	8	9	4	2	6
4	9	6	1	5	2	7	8	3
1	6	9	2	4	8	3	7	5
8	4	3	5	6	7	9	1	2
2	5	7	3	9	1	8	6	4
6	3	4	8	1	5	2	9	7
9	7	1	4	2	6	5	3	8
5	2	8	9	7	3	6	4	1

20

3	1	2	4	5	8	6	9	7
5	8	6	2	9	7	1	4	3
9	4	7	3	6	1	2	8	5
4	3	1	6	2	9	7	5	8
2	7	5	8	1	3	4	6	9
8	6	9	7	4	5	3	1	2
6	5	3	9	7	4	8	2	1
1	2	8	5	3	6	9	7	4
7	9	4	1	8	2	5	3	6

21

1	3	5	7	6	8	4	2	9
8	4	6	9	1	2	3	5	7
9	7	2	3	4	5	1	8	6
5	6	7	8	2	4	9	3	1
3	1	4	5	9	6	2	7	8
2	9	8	1	3	7	5	6	4
6	5	9	2	7	1	8	4	3
7	2	3	4	8	9	6	1	5
4	8	1	6	5	3	7	9	2

22

7	2	5	4	6	1	8	9	3
9	6	3	5	8	2	4	1	7
4	8	1	3	7	9	6	5	2
2	1	9	8	3	4	7	6	5
8	3	7	6	9	5	2	4	1
6	5	4	2	1	7	3	8	9
5	7	8	9	2	6	1	3	4
3	9	2	1	4	8	5	7	6
1	4	6	7	5	3	9	2	8

23

2	4	7	3	5	6	8	1	9
5	1	6	8	2	9	4	7	3
9	8	3	4	1	7	6	2	5
6	2	9	1	7	8	5	3	4
3	7	8	5	6	4	1	9	2
1	5	4	9	3	2	7	8	6
7	3	5	6	9	1	2	4	8
4	6	2	7	8	3	9	5	1
8	9	1	2	4	5	3	6	7

24

5	1	2	7	8	9	6	4	3
6	3	8	5	2	4	7	9	1
4	7	9	1	6	3	8	2	5
7	5	1	6	3	2	4	8	9
3	9	4	8	1	7	5	6	2
2	8	6	9	4	5	3	1	7
1	2	3	4	7	6	9	5	8
9	4	7	2	5	8	1	3	6
8	6	5	3	9	1	2	7	4

25

9	2	6	5	4	8	1	3	7
5	3	4	7	9	1	2	6	8
7	1	8	2	6	3	9	4	5
2	8	5	4	7	9	3	1	6
4	7	9	3	1	6	5	8	2
1	6	3	8	5	2	7	9	4
3	5	2	1	8	4	6	7	9
8	9	7	6	3	5	4	2	1
6	4	1	9	2	7	8	5	3

26

2	4	5	7	9	3	8	1	6
9	6	3	1	8	4	2	7	5
7	1	8	2	6	5	3	9	4
6	2	7	4	1	9	5	3	8
5	8	1	3	2	7	4	6	9
4	3	9	8	5	6	7	2	1
3	5	2	9	4	1	6	8	7
8	9	4	6	7	2	1	5	3
1	7	6	5	3	8	9	4	2

27

1	7	9	8	6	2	3	4	5
4	6	2	5	9	3	1	7	8
3	8	5	1	4	7	2	9	6
7	9	3	4	1	8	6	5	2
2	5	8	6	7	9	4	1	3
6	4	1	2	3	5	7	8	9
5	3	7	9	2	4	8	6	1
8	1	4	3	5	6	9	2	7
9	2	6	7	8	1	5	3	4

28

2	8	1	3	7	5	6	4	9
3	9	5	6	4	8	7	2	1
7	6	4	9	1	2	3	8	5
9	3	7	8	5	6	4	1	2
4	2	8	1	9	3	5	6	7
5	1	6	7	2	4	8	9	3
8	4	9	2	3	7	1	5	6
1	5	3	4	6	9	2	7	8
6	7	2	5	8	1	9	3	4

29

6	4	2	9	8	3	7	1	5
9	5	8	7	6	1	3	4	2
1	7	3	5	2	4	6	9	8
2	1	4	6	5	9	8	3	7
7	3	5	2	4	8	1	6	9
8	6	9	1	3	7	2	5	4
4	2	6	3	7	5	9	8	1
5	9	7	8	1	6	4	2	3
3	8	1	4	9	2	5	7	6

30

9	7	3	4	1	8	6	2	5
6	1	4	5	2	9	8	3	7
8	5	2	7	6	3	9	1	4
1	6	5	9	7	2	4	8	3
4	9	8	3	5	6	1	7	2
2	3	7	8	4	1	5	6	9
3	2	9	6	8	4	7	5	1
7	4	6	1	3	5	2	9	8
5	8	1	2	9	7	3	4	6

31

4	6	2	8	9	7	3	1	5
7	8	9	5	3	1	2	4	6
5	1	3	6	2	4	7	9	8
8	2	7	4	5	6	1	3	9
3	5	4	9	1	8	6	2	7
1	9	6	2	7	3	8	5	4
6	3	8	1	4	9	5	7	2
9	7	5	3	6	2	4	8	1
2	4	1	7	8	5	9	6	3

32

7	4	3	5	2	9	1	8	6
1	5	6	3	8	7	2	4	9
9	8	2	6	4	1	3	5	7
4	1	7	8	6	5	9	3	2
8	3	9	1	7	2	4	6	5
6	2	5	4	9	3	7	1	8
5	7	4	2	3	8	6	9	1
2	6	1	9	5	4	8	7	3
3	9	8	7	1	6	5	2	4

33

7	4	2	5	6	9	8	1	3
3	1	5	4	8	7	9	6	2
6	8	9	2	3	1	4	5	7
2	6	4	7	5	8	1	3	9
1	5	7	9	2	3	6	8	4
9	3	8	6	1	4	2	7	5
8	2	1	3	4	5	7	9	6
4	7	3	8	9	6	5	2	1
5	9	6	1	7	2	3	4	8

34

5	9	8	3	6	1	4	2	7
7	3	1	2	4	5	9	6	8
6	2	4	9	8	7	3	1	5
3	1	9	4	7	2	8	5	6
2	4	7	6	5	8	1	3	9
8	6	5	1	3	9	7	4	2
4	5	2	8	9	3	6	7	1
9	7	6	5	1	4	2	8	3
1	8	3	7	2	6	5	9	4

35

1	3	8	2	9	6	7	5	4
9	5	4	7	8	1	6	3	2
2	7	6	4	5	3	9	1	8
5	9	3	6	1	4	2	8	7
6	1	7	8	3	2	5	4	9
4	8	2	9	7	5	3	6	1
7	2	1	3	6	8	4	9	5
3	4	5	1	2	9	8	7	6
8	6	9	5	4	7	1	2	3

36

3	8	6	9	7	1	4	5	2
9	2	1	8	4	5	3	7	6
5	4	7	6	3	2	9	8	1
6	7	5	3	9	8	1	2	4
8	1	9	7	2	4	6	3	5
4	3	2	5	1	6	8	9	7
2	5	3	1	6	9	7	4	8
1	9	8	4	5	7	2	6	3
7	6	4	2	8	3	5	1	9

37

6	1	3	9	7	4	5	2	8
7	2	4	8	1	5	9	3	6
5	9	8	2	3	6	7	1	4
1	4	5	3	8	7	6	9	2
8	6	2	5	9	1	3	4	7
9	3	7	4	6	2	1	8	5
3	7	9	6	2	8	4	5	1
2	5	6	1	4	9	8	7	3
4	8	1	7	5	3	2	6	9

38

8	2	1	5	9	3	4	6	7
3	9	6	7	1	4	8	2	5
7	5	4	8	2	6	1	9	3
6	7	9	3	4	5	2	8	1
5	1	8	9	7	2	3	4	6
2	4	3	6	8	1	7	5	9
4	8	7	1	6	9	5	3	2
1	6	5	2	3	8	9	7	4
9	3	2	4	5	7	6	1	8

39

4	7	8	9	2	6	3	1	5
3	2	5	1	8	4	9	6	7
9	1	6	3	5	7	4	8	2
5	8	9	7	1	2	6	3	4
2	6	4	8	3	9	7	5	1
1	3	7	6	4	5	8	2	9
6	5	2	4	9	8	1	7	3
8	4	1	2	7	3	5	9	6
7	9	3	5	6	1	2	4	8

40

9	1	5	4	8	3	2	7	6
2	6	7	9	1	5	4	3	8
8	4	3	2	6	7	5	1	9
6	5	9	1	7	8	3	4	2
7	8	2	3	4	9	6	5	1
4	3	1	6	5	2	9	8	7
5	2	8	7	9	4	1	6	3
3	7	6	5	2	1	8	9	4
1	9	4	8	3	6	7	2	5

41

2	9	1	3	6	8	4	5	7
8	5	3	7	4	1	9	2	6
4	7	6	5	9	2	8	3	1
3	6	4	9	1	5	2	7	8
7	1	5	2	8	3	6	4	9
9	8	2	4	7	6	5	1	3
5	3	7	6	2	9	1	8	4
1	4	9	8	5	7	3	6	2
6	2	8	1	3	4	7	9	5

42

3	7	4	9	5	1	2	6	8
9	2	5	3	6	8	1	4	7
6	8	1	7	4	2	3	5	9
7	9	2	1	8	5	4	3	6
4	5	3	6	7	9	8	2	1
1	6	8	2	3	4	7	9	5
5	4	9	8	2	7	6	1	3
8	1	6	4	9	3	5	7	2
2	3	7	5	1	6	9	8	4

43

8	1	9	7	5	4	3	6	2
5	3	6	8	1	2	7	9	4
2	4	7	9	6	3	5	1	8
3	6	4	1	8	5	9	2	7
1	7	8	6	2	9	4	3	5
9	2	5	3	4	7	6	8	1
4	5	3	2	9	1	8	7	6
6	9	1	5	7	8	2	4	3
7	8	2	4	3	6	1	5	9

44

2	6	9	5	3	4	8	1	7
5	8	1	6	9	7	3	2	4
3	7	4	1	2	8	9	5	6
7	1	8	9	5	3	4	6	2
6	4	3	8	7	2	5	9	1
9	2	5	4	6	1	7	3	8
1	5	7	2	8	9	6	4	3
8	9	2	3	4	6	1	7	5
4	3	6	7	1	5	2	8	9

45

1	9	2	8	6	5	3	7	4
8	6	4	7	1	3	5	9	2
5	7	3	2	4	9	1	8	6
7	5	8	6	3	2	4	1	9
2	4	9	1	7	8	6	3	5
3	1	6	5	9	4	7	2	8
4	8	1	9	5	7	2	6	3
9	3	7	4	2	6	8	5	1
6	2	5	3	8	1	9	4	7

46

7	4	2	3	1	8	6	5	9
3	9	5	7	6	4	1	8	2
8	6	1	2	9	5	7	3	4
9	7	4	1	3	6	8	2	5
2	1	6	8	5	9	4	7	3
5	3	8	4	7	2	9	1	6
6	8	3	5	4	1	2	9	7
4	2	7	9	8	3	5	6	1
1	5	9	6	2	7	3	4	8

47

4	1	8	9	7	5	3	2	6
6	2	7	1	3	4	5	9	8
5	9	3	2	6	8	1	4	7
8	4	5	6	1	2	9	7	3
7	6	2	5	9	3	4	8	1
9	3	1	4	8	7	2	6	5
2	8	4	7	5	1	6	3	9
1	7	9	3	4	6	8	5	2
3	5	6	8	2	9	7	1	4

48

2	9	8	1	5	3	7	6	4
1	5	6	8	4	7	2	9	3
4	3	7	9	2	6	5	1	8
8	4	5	6	3	9	1	7	2
3	2	9	5	7	1	4	8	6
7	6	1	2	8	4	9	3	5
6	7	3	4	1	2	8	5	9
5	1	4	3	9	8	6	2	7
9	8	2	7	6	5	3	4	1

49

3	8	1	9	6	4	7	5	2
6	9	2	7	3	5	4	8	1
4	7	5	2	8	1	6	3	9
5	2	8	1	7	3	9	4	6
7	4	6	8	2	9	5	1	3
9	1	3	5	4	6	2	7	8
8	6	4	3	9	7	1	2	5
1	3	9	4	5	2	8	6	7
2	5	7	6	1	8	3	9	4

50

1	7	4	6	9	2	8	3	5
8	2	9	3	5	7	1	6	4
3	5	6	8	1	4	2	9	7
6	9	8	2	4	5	7	1	3
2	1	5	7	6	3	9	4	8
7	4	3	9	8	1	5	2	6
9	6	7	1	3	8	4	5	2
5	8	1	4	2	6	3	7	9
4	3	2	5	7	9	6	8	1

51

9	5	2	1	6	4	7	3	8
3	6	8	9	7	5	4	2	1
1	7	4	2	8	3	5	6	9
6	8	1	5	9	7	3	4	2
7	4	5	3	2	8	9	1	6
2	9	3	6	4	1	8	5	7
4	2	6	8	5	9	1	7	3
8	3	7	4	1	2	6	9	5
5	1	9	7	3	6	2	8	4

52

9	5	4	7	1	8	3	2	6
7	6	3	4	9	2	5	1	8
8	2	1	6	3	5	4	7	9
6	1	9	8	4	7	2	5	3
3	8	7	5	2	9	6	4	1
5	4	2	3	6	1	8	9	7
2	3	6	9	7	4	1	8	5
4	9	5	1	8	6	7	3	2
1	7	8	2	5	3	9	6	4

53

7	4	9	5	1	6	2	8	3
3	6	8	7	9	2	5	1	4
2	5	1	3	8	4	7	6	9
9	3	6	2	5	8	1	4	7
5	1	2	6	4	7	9	3	8
4	8	7	9	3	1	6	2	5
6	2	4	8	7	5	3	9	1
8	9	5	1	6	3	4	7	2
1	7	3	4	2	9	8	5	6

54

2	4	7	6	9	1	8	5	3
1	9	8	4	5	3	2	6	7
3	5	6	8	2	7	9	1	4
5	6	1	3	4	9	7	8	2
8	3	4	2	7	6	5	9	1
7	2	9	1	8	5	4	3	6
4	8	3	5	6	2	1	7	9
9	1	5	7	3	4	6	2	8
6	7	2	9	1	8	3	4	5

55

3	4	5	9	8	2	1	6	7
1	2	6	3	7	4	8	5	9
7	9	8	6	5	1	3	4	2
5	3	2	1	6	9	4	7	8
4	7	1	8	3	5	2	9	6
6	8	9	4	2	7	5	1	3
8	6	7	5	1	3	9	2	4
9	1	3	2	4	6	7	8	5
2	5	4	7	9	8	6	3	1

56

6	8	3	4	2	9	1	7	5
5	4	2	1	3	7	9	6	8
9	7	1	5	6	8	4	3	2
4	6	9	8	7	5	2	1	3
3	5	7	9	1	2	8	4	6
1	2	8	6	4	3	5	9	7
2	1	4	7	5	6	3	8	9
8	3	6	2	9	4	7	5	1
7	9	5	3	8	1	6	2	4

57

7	9	4	1	2	6	3	8	5
6	1	2	3	8	5	4	9	7
3	8	5	4	7	9	1	6	2
2	7	6	5	4	3	8	1	9
9	3	1	8	6	2	5	7	4
4	5	8	7	9	1	2	3	6
1	2	7	6	5	8	9	4	3
8	4	9	2	3	7	6	5	1
5	6	3	9	1	4	7	2	8

58

5	3	8	2	9	1	7	6	4
2	9	1	6	4	7	5	3	8
6	4	7	5	3	8	2	1	9
3	1	2	8	6	4	9	7	5
4	7	5	1	2	9	3	8	6
8	6	9	7	5	3	4	2	1
7	5	3	9	8	6	1	4	2
9	8	4	3	1	2	6	5	7
1	2	6	4	7	5	8	9	3

59

7	1	6	9	8	5	4	3	2
8	3	4	1	2	6	9	7	5
5	9	2	4	3	7	1	6	8
6	7	1	5	4	9	8	2	3
2	8	9	6	1	3	7	5	4
3	4	5	8	7	2	6	9	1
4	2	7	3	9	8	5	1	6
9	5	8	2	6	1	3	4	7
1	6	3	7	5	4	2	8	9

60

1	8	4	3	9	7	6	5	2
3	2	9	5	6	8	1	4	7
6	5	7	1	4	2	3	9	8
7	1	2	4	8	9	5	3	6
9	4	5	6	2	3	7	8	1
8	3	6	7	5	1	9	2	4
4	9	3	2	7	6	8	1	5
5	7	1	8	3	4	2	6	9
2	6	8	9	1	5	4	7	3

61

6	9	4	3	8	1	5	2	7
3	5	1	7	4	2	6	9	8
7	8	2	9	6	5	1	4	3
9	1	5	6	3	7	4	8	2
2	4	3	5	1	8	7	6	9
8	6	7	4	2	9	3	1	5
1	2	6	8	7	3	9	5	4
5	3	8	1	9	4	2	7	6
4	7	9	2	5	6	8	3	1

62

1	3	5	9	7	8	6	2	4
9	8	2	1	4	6	7	3	5
7	6	4	2	3	5	9	1	8
3	7	6	4	1	2	8	5	9
2	5	1	7	8	9	4	6	3
8	4	9	5	6	3	1	7	2
4	1	8	3	5	7	2	9	6
5	9	7	6	2	4	3	8	1
6	2	3	8	9	1	5	4	7

63

1	9	4	3	2	7	5	6	8
8	6	2	9	5	4	3	1	7
3	5	7	8	1	6	4	9	2
5	7	9	6	3	8	2	4	1
6	3	1	2	4	5	8	7	9
4	2	8	1	7	9	6	5	3
2	4	6	7	9	3	1	8	5
9	1	5	4	8	2	7	3	6
7	8	3	5	6	1	9	2	4

64

6	3	2	4	5	8	9	1	7
8	4	1	7	9	6	3	2	5
7	5	9	3	2	1	6	8	4
4	1	3	2	6	7	8	5	9
9	6	5	1	8	3	4	7	2
2	8	7	9	4	5	1	6	3
3	2	6	5	1	4	7	9	8
1	9	4	8	7	2	5	3	6
5	7	8	6	3	9	2	4	1

65

7	4	1	5	3	2	8	9	6
5	6	8	9	4	7	3	2	1
9	3	2	1	8	6	4	5	7
8	2	4	7	1	5	9	6	3
3	5	7	6	9	8	2	1	4
1	9	6	3	2	4	7	8	5
4	1	9	2	6	3	5	7	8
2	7	3	8	5	1	6	4	9
6	8	5	4	7	9	1	3	2

66

3	7	4	1	8	9	6	2	5
9	5	1	7	6	2	4	8	3
6	8	2	5	3	4	1	9	7
7	9	8	6	1	5	3	4	2
4	6	3	2	9	8	5	7	1
2	1	5	3	4	7	9	6	8
8	3	7	9	5	6	2	1	4
5	2	6	4	7	1	8	3	9
1	4	9	8	2	3	7	5	6

67

3	8	9	6	7	1	5	2	4
4	2	5	9	3	8	6	1	7
6	7	1	5	2	4	9	3	8
8	3	4	7	9	2	1	5	6
7	9	6	3	1	5	8	4	2
5	1	2	8	4	6	7	9	3
9	5	7	2	8	3	4	6	1
1	6	3	4	5	7	2	8	9
2	4	8	1	6	9	3	7	5

68

6	7	1	4	5	8	3	2	9
8	5	9	7	2	3	4	1	6
2	3	4	6	1	9	5	7	8
9	6	5	1	3	7	8	4	2
1	2	3	5	8	4	6	9	7
4	8	7	9	6	2	1	5	3
7	9	8	3	4	1	2	6	5
3	1	6	2	9	5	7	8	4
5	4	2	8	7	6	9	3	1

69

3	9	8	7	2	6	4	1	5
1	7	2	4	3	5	8	6	9
5	6	4	1	8	9	3	2	7
9	5	3	2	6	7	1	4	8
4	8	1	9	5	3	2	7	6
7	2	6	8	1	4	5	9	3
2	1	5	6	9	8	7	3	4
8	4	9	3	7	2	6	5	1
6	3	7	5	4	1	9	8	2

70

4	2	9	3	6	5	7	8	1
5	8	1	4	7	2	9	6	3
3	6	7	1	8	9	2	4	5
2	5	3	9	1	6	4	7	8
7	9	6	5	4	8	3	1	2
1	4	8	7	2	3	5	9	6
6	7	5	2	9	1	8	3	4
9	1	2	8	3	4	6	5	7
8	3	4	6	5	7	1	2	9

71

5	3	6	2	7	1	4	9	8
9	7	2	8	4	6	1	5	3
8	1	4	3	5	9	6	2	7
2	5	3	9	6	8	7	1	4
7	6	1	5	2	4	8	3	9
4	8	9	7	1	3	5	6	2
6	2	7	4	9	5	3	8	1
3	4	5	1	8	2	9	7	6
1	9	8	6	3	7	2	4	5

72

6	4	9	7	2	3	8	5	1
7	1	3	4	8	5	2	9	6
5	2	8	9	1	6	7	3	4
1	9	5	2	7	4	6	8	3
8	6	4	3	5	1	9	2	7
2	3	7	8	6	9	1	4	5
3	8	6	1	4	2	5	7	9
9	7	1	5	3	8	4	6	2
4	5	2	6	9	7	3	1	8

73

1	6	5	3	8	7	2	9	4
7	2	3	4	9	1	8	6	5
9	8	4	2	5	6	3	7	1
2	9	6	8	1	4	5	3	7
3	5	8	9	7	2	1	4	6
4	7	1	5	6	3	9	2	8
6	3	2	1	4	8	7	5	9
5	1	7	6	3	9	4	8	2
8	4	9	7	2	5	6	1	3

74

2	6	4	9	5	3	8	1	7
5	1	7	8	4	6	3	9	2
8	9	3	7	2	1	6	5	4
3	8	1	5	6	7	4	2	9
7	4	9	1	8	2	5	3	6
6	5	2	3	9	4	7	8	1
4	7	8	2	1	5	9	6	3
9	2	6	4	3	8	1	7	5
1	3	5	6	7	9	2	4	8

75

5	3	4	7	8	9	6	2	1
6	7	9	1	3	2	5	8	4
1	8	2	6	5	4	9	3	7
9	1	8	4	2	6	7	5	3
7	6	5	3	9	8	4	1	2
2	4	3	5	7	1	8	9	6
4	5	7	9	1	3	2	6	8
3	2	6	8	4	5	1	7	9
8	9	1	2	6	7	3	4	5

76

7	3	6	8	2	5	9	4	1
2	4	5	1	6	9	3	7	8
8	1	9	7	4	3	5	6	2
9	2	4	3	7	1	6	8	5
6	7	3	5	8	2	1	9	4
5	8	1	6	9	4	7	2	3
1	6	7	2	3	8	4	5	9
3	9	8	4	5	7	2	1	6
4	5	2	9	1	6	8	3	7

77

7	5	2	4	8	6	3	9	1
3	6	9	5	1	7	8	2	4
1	4	8	9	2	3	7	5	6
9	3	4	6	7	2	5	1	8
5	2	7	8	9	1	4	6	3
8	1	6	3	5	4	9	7	2
2	8	1	7	3	5	6	4	9
6	7	3	2	4	9	1	8	5
4	9	5	1	6	8	2	3	7

78

6	8	9	1	5	4	3	2	7
5	7	2	3	8	6	9	1	4
1	3	4	7	9	2	6	8	5
3	2	6	9	4	5	1	7	8
9	1	5	2	7	8	4	6	3
8	4	7	6	1	3	5	9	2
7	5	3	8	6	9	2	4	1
4	9	8	5	2	1	7	3	6
2	6	1	4	3	7	8	5	9

79

9	5	3	7	6	2	1	4	8
1	6	2	5	4	8	3	9	7
7	8	4	9	3	1	2	5	6
8	9	6	3	5	4	7	2	1
5	2	1	8	7	6	4	3	9
4	3	7	1	2	9	6	8	5
2	7	9	4	1	5	8	6	3
3	4	5	6	8	7	9	1	2
6	1	8	2	9	3	5	7	4

80

6	4	2	5	7	1	9	8	3
9	1	3	8	2	6	7	4	5
7	8	5	3	4	9	1	2	6
4	7	1	9	6	8	5	3	2
3	9	6	2	5	7	4	1	8
2	5	8	1	3	4	6	9	7
1	2	7	6	9	3	8	5	4
8	3	4	7	1	5	2	6	9
5	6	9	4	8	2	3	7	1

81

5	3	4	2	8	9	7	6	1
1	7	2	6	3	4	5	9	8
8	6	9	7	1	5	2	3	4
3	2	7	1	9	6	8	4	5
4	5	8	3	2	7	9	1	6
6	9	1	4	5	8	3	7	2
2	8	6	9	4	3	1	5	7
7	1	3	5	6	2	4	8	9
9	4	5	8	7	1	6	2	3

82

3	2	1	5	7	8	9	6	4
9	4	8	3	2	6	1	5	7
6	5	7	1	4	9	3	2	8
5	7	4	8	9	2	6	1	3
8	1	6	4	5	3	7	9	2
2	9	3	7	6	1	8	4	5
7	8	2	6	1	5	4	3	9
4	6	5	9	3	7	2	8	1
1	3	9	2	8	4	5	7	6

83

2	4	1	9	6	3	8	7	5
7	9	6	4	5	8	1	3	2
8	5	3	7	1	2	4	9	6
1	7	8	5	9	4	2	6	3
3	6	4	1	2	7	9	5	8
9	2	5	8	3	6	7	1	4
6	1	9	2	4	5	3	8	7
5	8	2	3	7	1	6	4	9
4	3	7	6	8	9	5	2	1

84

8	4	3	5	6	9	7	2	1
7	2	5	8	4	1	9	3	6
9	6	1	7	2	3	4	5	8
5	3	2	9	1	4	8	6	7
1	8	6	3	7	2	5	4	9
4	9	7	6	8	5	2	1	3
3	1	4	2	9	8	6	7	5
2	7	9	1	5	6	3	8	4
6	5	8	4	3	7	1	9	2

85

7	8	5	3	9	1	2	6	4
2	4	3	8	6	5	1	7	9
1	9	6	7	4	2	3	5	8
5	6	1	9	2	3	8	4	7
4	7	2	5	8	6	9	1	3
9	3	8	4	1	7	6	2	5
6	5	7	1	3	9	4	8	2
8	2	9	6	7	4	5	3	1
3	1	4	2	5	8	7	9	6

86

5	7	6	3	2	8	9	1	4
1	2	3	9	5	4	7	6	8
8	9	4	7	1	6	2	3	5
7	3	1	5	8	2	6	4	9
9	6	2	1	4	3	5	8	7
4	5	8	6	7	9	1	2	3
6	1	9	4	3	5	8	7	2
2	4	5	8	6	7	3	9	1
3	8	7	2	9	1	4	5	6

87

7	4	5	9	6	8	1	2	3
1	3	2	7	5	4	9	8	6
8	6	9	1	2	3	4	5	7
4	2	1	3	8	7	5	6	9
6	8	3	5	9	1	2	7	4
9	5	7	2	4	6	3	1	8
2	1	8	6	3	9	7	4	5
3	7	4	8	1	5	6	9	2
5	9	6	4	7	2	8	3	1

88

4	1	2	8	5	7	3	6	9
9	5	7	3	2	6	1	4	8
6	3	8	9	1	4	2	7	5
3	2	9	7	8	1	6	5	4
7	6	4	5	9	2	8	1	3
1	8	5	6	4	3	7	9	2
5	9	1	2	7	8	4	3	6
2	4	6	1	3	9	5	8	7
8	7	3	4	6	5	9	2	1

89

1	9	4	5	8	6	3	7	2
7	2	6	1	3	4	9	5	8
5	3	8	9	7	2	4	6	1
3	4	1	8	2	7	5	9	6
2	5	7	3	6	9	8	1	4
8	6	9	4	1	5	2	3	7
9	1	2	6	4	3	7	8	5
6	7	5	2	9	8	1	4	3
4	8	3	7	5	1	6	2	9

90

1	9	7	8	4	5	3	6	2
8	2	6	9	3	7	5	1	4
3	4	5	2	1	6	8	9	7
4	5	2	6	8	3	9	7	1
9	8	1	7	2	4	6	3	5
7	6	3	5	9	1	4	2	8
5	3	4	1	7	9	2	8	6
6	7	8	3	5	2	1	4	9
2	1	9	4	6	8	7	5	3

91

2	5	3	7	4	1	6	8	9
8	4	7	2	6	9	3	1	5
6	1	9	8	5	3	7	4	2
1	3	8	4	7	2	5	9	6
7	9	5	3	8	6	4	2	1
4	2	6	1	9	5	8	3	7
3	7	1	5	2	4	9	6	8
9	8	2	6	3	7	1	5	4
5	6	4	9	1	8	2	7	3

92

6	9	7	3	5	8	2	4	1
4	5	1	6	2	7	9	8	3
8	2	3	1	9	4	6	5	7
1	6	9	2	8	5	7	3	4
2	7	5	4	3	1	8	6	9
3	8	4	7	6	9	1	2	5
7	1	2	8	4	3	5	9	6
9	3	6	5	1	2	4	7	8
5	4	8	9	7	6	3	1	2

93

1	9	2	5	4	8	7	3	6
8	5	4	3	7	6	9	2	1
6	7	3	9	2	1	8	4	5
9	2	7	8	6	4	5	1	3
4	3	8	1	5	2	6	7	9
5	6	1	7	9	3	4	8	2
2	8	5	6	3	7	1	9	4
3	1	9	4	8	5	2	6	7
7	4	6	2	1	9	3	5	8

94

7	3	4	5	6	8	1	9	2
8	9	1	2	7	4	3	5	6
5	6	2	3	1	9	4	7	8
6	1	3	9	2	5	8	4	7
2	5	7	4	8	1	6	3	9
9	4	8	6	3	7	5	2	1
3	7	9	8	4	6	2	1	5
1	2	6	7	5	3	9	8	4
4	8	5	1	9	2	7	6	3

95

4	1	2	8	6	9	3	7	5
5	8	3	7	4	1	9	2	6
9	7	6	5	2	3	1	8	4
1	5	7	9	8	4	2	6	3
3	4	9	6	5	2	7	1	8
2	6	8	1	3	7	4	5	9
8	2	4	3	7	6	5	9	1
6	3	1	2	9	5	8	4	7
7	9	5	4	1	8	6	3	2

96

5	2	8	1	3	9	7	4	6
6	7	4	2	5	8	3	1	9
3	9	1	6	4	7	5	2	8
2	4	5	9	8	3	6	7	1
7	1	3	4	2	6	9	8	5
8	6	9	7	1	5	4	3	2
1	3	2	5	9	4	8	6	7
4	5	7	8	6	1	2	9	3
9	8	6	3	7	2	1	5	4

97

3	4	9	8	7	6	1	2	5
7	2	6	5	9	1	8	3	4
8	5	1	2	3	4	7	9	6
4	8	2	6	5	3	9	1	7
6	1	7	9	8	2	4	5	3
9	3	5	1	4	7	2	6	8
2	6	3	4	1	8	5	7	9
1	9	8	7	6	5	3	4	2
5	7	4	3	2	9	6	8	1

98

2	7	6	1	3	8	4	9	5
1	5	8	9	4	6	3	7	2
3	4	9	7	2	5	6	8	1
9	8	4	2	5	3	7	1	6
6	2	1	4	8	7	9	5	3
7	3	5	6	1	9	8	2	4
8	1	2	3	7	4	5	6	9
4	9	7	5	6	1	2	3	8
5	6	3	8	9	2	1	4	7

99

5	7	9	4	1	8	6	3	2
4	8	2	6	3	5	1	9	7
1	6	3	7	2	9	8	5	4
6	5	4	8	9	1	2	7	3
7	2	1	5	4	3	9	6	8
9	3	8	2	7	6	5	4	1
3	9	5	1	8	7	4	2	6
2	1	6	3	5	4	7	8	9
8	4	7	9	6	2	3	1	5

100

8	1	3	2	6	7	4	9	5
9	7	4	5	8	1	2	6	3
5	6	2	3	4	9	7	8	1
7	5	9	4	1	3	6	2	8
2	3	1	6	7	8	5	4	9
6	4	8	9	5	2	3	1	7
4	8	5	1	3	6	9	7	2
1	9	6	7	2	5	8	3	4
3	2	7	8	9	4	1	5	6

101

7	8	1	9	3	6	5	4	2
9	4	3	2	5	1	6	7	8
6	5	2	4	7	8	3	1	9
2	7	4	5	6	9	8	3	1
3	6	5	1	8	2	4	9	7
8	1	9	3	4	7	2	6	5
5	9	8	6	1	4	7	2	3
1	3	6	7	2	5	9	8	4
4	2	7	8	9	3	1	5	6

102

1	5	6	4	7	9	3	2	8
4	2	8	1	6	3	5	9	7
7	9	3	2	5	8	6	1	4
2	8	1	3	4	6	7	5	9
5	6	9	7	2	1	4	8	3
3	7	4	9	8	5	2	6	1
9	3	7	5	1	2	8	4	6
8	1	2	6	3	4	9	7	5
6	4	5	8	9	7	1	3	2

103

7	5	8	1	6	3	4	2	9
4	2	3	5	9	8	7	1	6
9	6	1	4	2	7	8	3	5
3	7	6	8	5	2	9	4	1
2	1	5	3	4	9	6	7	8
8	9	4	6	7	1	2	5	3
5	4	2	9	1	6	3	8	7
6	3	7	2	8	5	1	9	4
1	8	9	7	3	4	5	6	2

104

5	4	2	1	8	3	6	7	9
7	1	9	2	6	4	3	8	5
8	6	3	7	5	9	4	1	2
2	7	8	9	3	6	1	5	4
6	3	5	4	1	7	9	2	8
1	9	4	8	2	5	7	3	6
4	8	6	5	7	1	2	9	3
3	2	1	6	9	8	5	4	7
9	5	7	3	4	2	8	6	1

105

2	9	7	6	1	5	4	8	3
8	1	6	9	4	3	2	7	5
5	4	3	7	8	2	1	6	9
9	7	1	5	2	6	3	4	8
3	8	5	4	9	1	7	2	6
6	2	4	8	3	7	5	9	1
4	6	2	1	5	8	9	3	7
1	3	8	2	7	9	6	5	4
7	5	9	3	6	4	8	1	2

106

7	3	1	5	2	8	6	4	9
5	6	2	3	4	9	1	8	7
8	4	9	6	7	1	3	5	2
2	1	8	4	9	5	7	3	6
4	5	7	1	6	3	2	9	8
3	9	6	2	8	7	4	1	5
6	2	5	9	3	4	8	7	1
1	8	3	7	5	6	9	2	4
9	7	4	8	1	2	5	6	3

107

7	3	4	2	6	9	1	5	8
6	5	2	1	8	3	7	9	4
9	1	8	7	5	4	2	3	6
5	7	6	4	3	8	9	2	1
1	2	3	6	9	7	4	8	5
8	4	9	5	2	1	3	6	7
4	6	5	3	1	2	8	7	9
3	9	1	8	7	6	5	4	2
2	8	7	9	4	5	6	1	3

108

6	4	9	7	8	1	2	3	5
1	7	2	5	4	3	9	6	8
5	8	3	9	2	6	4	1	7
9	1	8	3	5	2	7	4	6
2	5	6	4	1	7	3	8	9
4	3	7	8	6	9	1	5	2
8	2	1	6	9	4	5	7	3
3	6	4	2	7	5	8	9	1
7	9	5	1	3	8	6	2	4

109

7	5	2	1	9	8	4	6	3
8	6	1	7	3	4	2	5	9
4	3	9	2	6	5	8	7	1
9	7	5	3	1	2	6	8	4
6	4	3	8	7	9	5	1	2
2	1	8	5	4	6	9	3	7
5	2	7	9	8	1	3	4	6
1	8	6	4	2	3	7	9	5
3	9	4	6	5	7	1	2	8

110

7	4	2	9	8	1	5	3	6
8	1	5	3	4	6	7	9	2
3	6	9	2	5	7	4	8	1
6	5	3	4	1	9	2	7	8
1	2	7	8	6	5	9	4	3
9	8	4	7	3	2	1	6	5
2	3	6	5	9	4	8	1	7
5	9	8	1	7	3	6	2	4
4	7	1	6	2	8	3	5	9

111

5	6	8	2	4	7	3	1	9
1	2	4	3	9	8	6	5	7
3	9	7	5	6	1	2	4	8
2	8	5	7	3	6	4	9	1
9	1	6	4	8	2	5	7	3
4	7	3	1	5	9	8	6	2
7	5	9	6	2	3	1	8	4
6	3	1	8	7	4	9	2	5
8	4	2	9	1	5	7	3	6

〔編著者紹介〕
株式会社ニコリ

日本初のパズル専門雑誌『パズル通信ニコリ』を発行する出版社・パズル制作集団。雑誌や書籍を編著・発行するほか、新聞、雑誌、インターネットやケータイ、ゲームなどにも多くのパズルを提供している。欧米でも多数の書籍が出版されており、世界中でブームとなっている「数独」の発信源でもある。

+ S U D O K U +
# ポケット数独3
初級篇

2007年 7月31日 初版第1刷発行
2019年 1月17日 初版第12刷発行

編著者	株式会社ニコリ
発行者	小川 淳
発行所	SBクリエイティブ株式会社
	〒106-0032 東京都港区六本木2-4-5
	電話:03-5549-1201（営業）
組版・本文デザイン	株式会社ニコリ
印　刷	中央精版印刷株式会社
カバーデザイン	mill design studio

© NIKOLI Co., Ltd. 2007　Printed in Japan
ISBN978-4-7973-4118-8
「数独」は株式会社ニコリの登録商標です。

落丁本、乱丁本はSBクリエイティブ株式会社営業部にてお取替えいたします。
定価はカバーに記載されています。
本書に関するご質問等は、小社学芸書籍編集部まで必ず書面にてお願いいたします。

シリーズ累計300万部突破!
脳力トレーニングの決定版

ニコリ 編著

ポケット数独 シリーズ

ポケット数独　初級篇　中級篇　上級篇
各篇105問収録／本体価格552円+税

ポケット数独2〜10　初級篇　中級篇　上級篇
各篇111問収録／本体価格600円+税

どこから始めても楽しめる!

シリーズ累計300万部突破のポケット数独シリーズは脳力トレーニングに最適! 難易度は、シンプルに初級→中級→上級の3段階。ご自分に合ったレベルから始めることができます。

※『ポケット数独』から最新刊『ポケット数独11』まで、難易度のレベルは同じです。

シリーズ最新作!

ポケット数独11

初級篇　中級篇　上級篇　各篇111問収録／本体価格600円+税

全国書店にて絶賛発売中!